（美）苏珊娜·斯莱德/文 （美）杰夫·耶什/图 丁克霞/译

北京时代华文书局

图书在版编目（CIP）数据

小蛇长大了 /（美）苏珊娜·斯莱德文 ;（美）杰夫·耶什图 ; 丁克霞译. -- 北京 : 北京时代华文书局, 2019.5
（生命的旅程）
书名原文：From Egg to Snake
ISBN 978-7-5699-2957-7

Ⅰ. ①小… Ⅱ. ①苏… ②杰… ③丁… Ⅲ. ①动物—儿童读物 Ⅳ. ①Q95-49

中国版本图书馆 CIP 数据核字（2019）第 033071 号

From Egg to Snake Following the Life cycle
Author: Suzanne Slade
Illustrated by Jeff Yesh

版权登记号 01-2018-6436

生命的旅程　小蛇长大了

Shengming De Lücheng Xiaoshe Zhangda Le

著　者 |（美）苏珊娜·斯莱德 / 文；（美）杰夫·耶什 / 图
译　者 | 丁克霞

出版人 | 王训海
策划编辑 | 许日春
责任编辑 | 许日春　沙嘉蕊　王　佳
装帧设计 | 九　野　孙丽莉
责任印制 | 刘　银

出版发行 | 北京时代华文书局 http://www.bjsdsj.com.cn
北京市东城区安定门外大街 138 号皇城国际大厦 A 座 8 楼
邮编：100011 电话：010-64267955 64267677
印　刷 | 小森印刷（北京）有限公司　电话：010－80215073
（如发现印装质量问题，请与印刷厂联系调换）
开　本 | 787mm×1092mm　1/20　印　张 | 12　字　数 | 125 千字
版　次 | 2019 年 6 月第 1 版　印　次 | 2019 年 6 月第 1 次印刷
书　号 | ISBN 978-7-5699-2957-7
定　价 | 138.00 元（全 10 册）

蛇是一种神奇的动物，几乎在世界各地都能看到它们的身影。虽然这种细长生物没有腿，但它们的移动速度快如闪电。

蛇有很多种颜色和尺寸。小的细盲蛇仅有11厘米长，而一些蟒蛇的体长却能超过10米。蛇的种类有3000多种。让我们以滑鳞绿树蛇为例了解一下蛇的生命周期吧。

滑鳞绿树蛇生活在潮湿的草地和森林中，主要分布在加拿大东北部和美国西部地区。这类蛇通体鲜绿，腹部为黄色或白色。

蛇卵

滑鳞绿树蛇的生命周期始于一枚蛇卵。这个小小的白色的蛇卵约2.5厘米长。雌蛇一般在初夏产卵，它会把它的一窝卵产在隐蔽、温暖、安全，又不易被其他动物发现的地方。

大多数雌蛇在产完卵后就会离开。蛇卵通常产在一个安全的地方，有时也被掩盖在腐烂的树叶下面。

内部发育

蛇卵内部，正孕育着新的生命，它们被称为胚胎。胚胎从卵黄囊中获取食物。

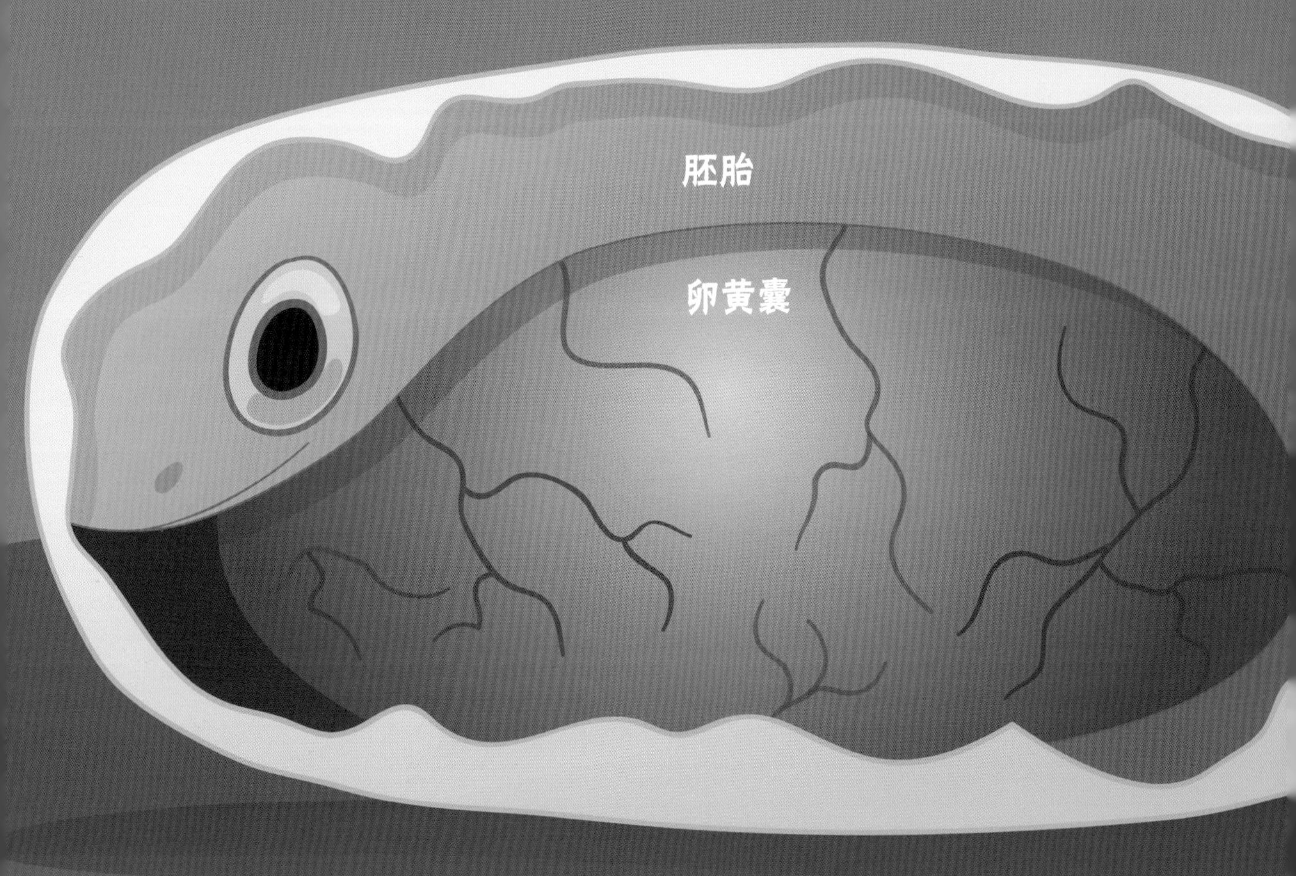

蛇的卵壳不像鸟类的那般坚硬，摸起来像皮革。卵壳上的一些小孔可以让有助于胚胎发育的水和空气进入壳内，同时让一种叫二氧化碳的气体排出壳外。

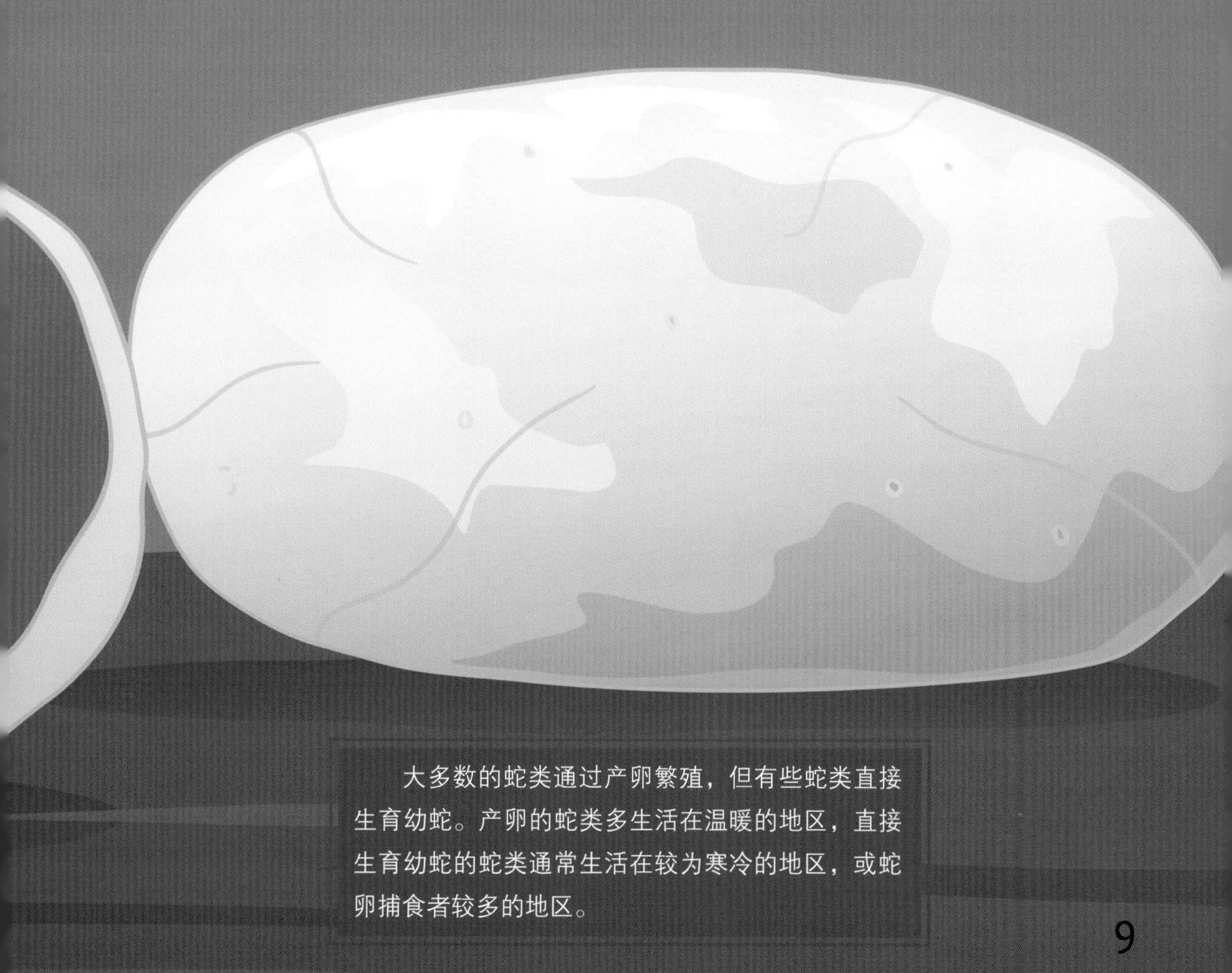

大多数的蛇类通过产卵繁殖，但有些蛇类直接生育幼蛇。产卵的蛇类多生活在温暖的地区，直接生育幼蛇的蛇类通常生活在较为寒冷的地区，或蛇卵捕食者较多的地区。

滑鳞绿树蛇的孵化期一般不超过30天。刚孵化的小蛇称为幼蛇，身长8～13厘米，皮肤呈深绿色。

还未破壳的滑鳞绿树蛇幼蛇有一颗卵齿，它借助这颗锋利的牙齿冲破卵壳。破壳后，幼蛇的卵齿就会逐渐脱落。

独立生存

由于没有父母的照料，幼蛇迫于无奈，只能自己照顾自己。这些小猎手会搜寻蜘蛛、蜗牛等小猎物来生存。

滑鳞绿树蛇白天捕猎。它们用自身出色的视力来发现在草丛中移动的昆虫。

蜕皮

幼蛇成长得非常快，但是它的鳞状的皮肤却长得不快。当蛇的成长速度大于它皮肤的生长速度时，它就会蜕去外层的覆盖物，即表面皮层。脱落的皮肤层下面是生长得恰到好处的新皮肤层。蛇一岁之前要蜕皮好几次。

蛇会通过摩擦石头或树干等坚硬的东西，来帮助它脱掉旧的皮层。滑鳞绿树蛇每蜕皮一次，绿色的皮肤就会变得更鲜亮一些。

成年

长到3岁左右，滑鳞绿树蛇就算成年了，完全长大后的它，长30～56厘米。

对于一条饥饿的滑鳞绿树蛇来说，它的猎食对象很多，有蠕虫、毛毛虫、蟋蟀、蚱蜢、甲虫和其他大型昆虫。它会躲在绿色的树叶下或者高高的草丛中，和猎物保持安全距离，伺机捕猎。

蛇的全身布满鳞片。鳞片构成的坚硬皮肤外层，保护着蛇不受尖锐物体的攻击以及昆虫的叮咬。同时，它还能帮忙锁住蛇身体内的水分，减少水分流失。最后，蛇还可以通过鳞片抓牢地面，从而向前爬行。

交配时节

3岁时的滑鳞绿树蛇就要准备寻找伴侣了。它们的交配时节多在夏末。蛇类会通过嗅觉来找到合适的伴侣。

蛇的嘴巴里有一个特殊的器官叫犁鼻器，它能帮助蛇闻到气味。蛇会舞动舌头来感受气味，当它的舌头伸长时，犁鼻器就能“品尝”出舌头上的气味。

冬天，滑鳞绿树蛇会蜷缩在地下冬眠。当春天天气变暖时，冬眠的蛇才渐渐苏醒。

新的开始

交配后10～11个月，雌蛇会寻找一个安全的地方产卵。它一窝会产3～12枚蛇卵。所有的这些蛇卵会在同一时间破壳。每一条幼蛇都开始了一个新的生命周期循环。滑鳞绿树蛇的寿命可长达6年。

不同种类的蛇，一次产卵的数量也不同。例如，一种分布在印度的蛇一次产卵多达100枚。也有的蛇一次只产卵1～2枚。

滑鳞绿树蛇的生命周期

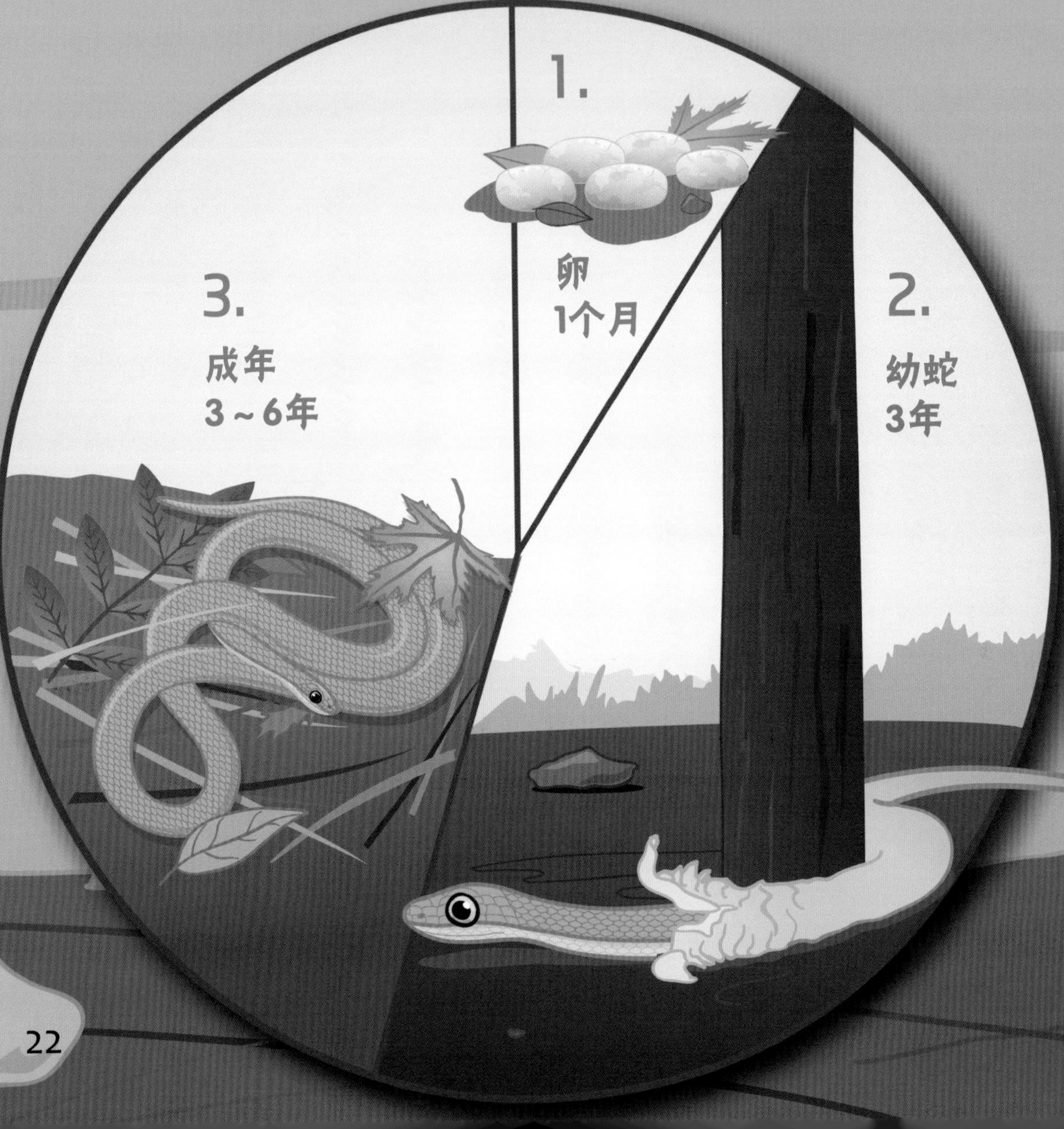

1.

卵
1个月

2.

幼蛇
3年

3.

成年
3～6年

有趣的冷知识

★绿树蛇的皮肤其实有两种颜色——蓝和黄。当绿树蛇死亡时，皮肤上的黄色随之消失，但蓝色不会消失。所以说，死掉的蛇，皮肤颜色会变蓝。

★蛇是冷血动物。这意味着蛇自身不会产生热量。如果天气寒冷，它会寻找暖和一点的地方，如爬到暖暖的岩石上。如果它感到热了，就会滑到阴凉处或钻入地下。

★蛇没有耳朵。它必须将它的下颌紧贴地面，感受微小的地面震动，从而将声音从颌骨传到内耳。

★大约有三分之一的蛇类会分泌一种叫蛇毒的毒液。毒蛇通过牙齿咬住猎物释放毒液。有些蛇毒毒性很强，甚至能让动物重伤致死。

★钩盲蛇无须交配就能繁育下一代。这种仅15厘米长的雌蛇，可以通过单性繁殖，生育新的雌蛇。

滑鳞绿树蛇